BEI GRIN MACHT SICH IHR WISSEN BEZAHLT

Alexander Wijgers

Technopolis - Japans Versuch zu Wirtschaftswachstum und Dezentralisierung

GRIN Verlag

Bibliografische Information der Deutschen Nationalbibliothek:

Die Deutsche Bibliothek verzeichnet diese Publikation in der Deutschen National-
bibliografie; detaillierte bibliografische Daten sind im Internet über http://dnb.d-
nb.de/ abrufbar.

Impressum:

Copyright © 2002 GRIN Verlag GmbH
Druck und Bindung: Books on Demand GmbH, Norderstedt Germany
ISBN: 978-3-638-93336-0

Dieses Buch bei GRIN:

http://www.grin.com/de/e-book/89596/technopolis-japans-versuch-zu-wirtschafts-
wachstum-und-dezentralisierung

GRIN - Your knowledge has value

Der GRIN Verlag publiziert seit 1998 wissenschaftliche Arbeiten von Studenten, Hochschullehrern und anderen Akademikern als eBook und gedrucktes Buch. Die Verlagswebsite www.grin.com ist die ideale Plattform zur Veröffentlichung von Hausarbeiten, Abschlussarbeiten, wissenschaftlichen Aufsätzen, Dissertationen und Fachbüchern.

Besuchen Sie uns im Internet:

http://www.grin.com/

http://www.facebook.com/grincom

http://www.twitter.com/grin_com

Universität Hannover
Geographisches Institut

Abteilung
Wirtschaftsgeographie

Schriftliche Ausarbeitung im Rahmen des Seminar zur

Angewandten Geographie „Regionalökonomische Probleme

ausgewählter Staaten Ost-/Südostasiens"

„Technopolis"
Japans Versuch zu Wirtschaftswachstum und Dezentralisierung

Alexander Wijgers

Gliederung

1 Konzept der Technopolis

Zu Beginn der achtziger Jahre hat Japan die sogenannten „Technopolise" geplant. Bis heute wurden auf nationaler Ebene in Japan 26 Technopolis-Zonen eröffnet (Siehe Abbildung 1). Als Bedingung zur Errichtung einer Technopolis - Zone ist das vorhandensein einer Mutterstadt mit mehr als 200,000 Einwohner, einen „Shinkansen" – Anschluss oder Flughafen, die höchstens Eintagesreisen von den Metropolen entfernt sind. Die Technopolis teilt sich in drei Komponenten: eine Industriezone, ein Wissenschaftszentrum und eine Wohnzone. In der Industriezone müssen Dienstleistungen angeboten werden. Das Wissenschaftszentrum besteht aus einer Gruppe von Universitäten, privaten und öffentlichen Forschungs- und Entwicklungseinrichtungen. Schließlich benötigt die Technopolis die Wohnzone für Manager, Ingenieure, Wissenschaftler und ihre Familien. Die Grundstruktur der Technopolis wurde anfangs gebaut und sollte sich im Laufe der Zeit weiter entwickeln. Eigentlich ist die Konzeption der Technopolises ein Teil des japanischen Industrieplanes. Japan legte am Anfang der achtziger Jahre seinen gesamten Industrieplan vor, um den Wettbewerb der japanischen Industrie im 21sten Jahrhundert zu erhöhen. Der japanische Industrieplan besteht aus sechs verschiedenen Strategien:

1. Joint FuE-Projekts
2. Strategische Allianzen mit dem Ausland
3. Das Konzept des Technopolisplanes
4. Das Konzept der Telekummunikationsnetze
5. Risikokapital und Risikogeschäft
6. Förderung des selektiven Import

Diese sechs verschiedenen Strategien basieren weder auf einer großen Kapitalerhöhung seitens der japanischen Regierung noch auf ihrer direkten Einmischung in die Rekonstruktion der Industrie. Ziel ist vielmehr der japanischen Industrie die besten Möglichkeiten zu geben und auf den entsprechenden Gebieten private Investitionen zu fördern. Bereits das Wort „Technopolis" ist bereits charakteristisch für japanische Industrie-Strategien in den achtziger und neunziger Jahren. Der Erste Teil des Wortes stammt von „Technologie" ab und soll die Modernisierung der japanischen Industrie durch kreative und hochentwickelte Technologien beschreiben. Der zweite Teil, Polis, vom griechischem „Stadt-Staat" abgeleitet.

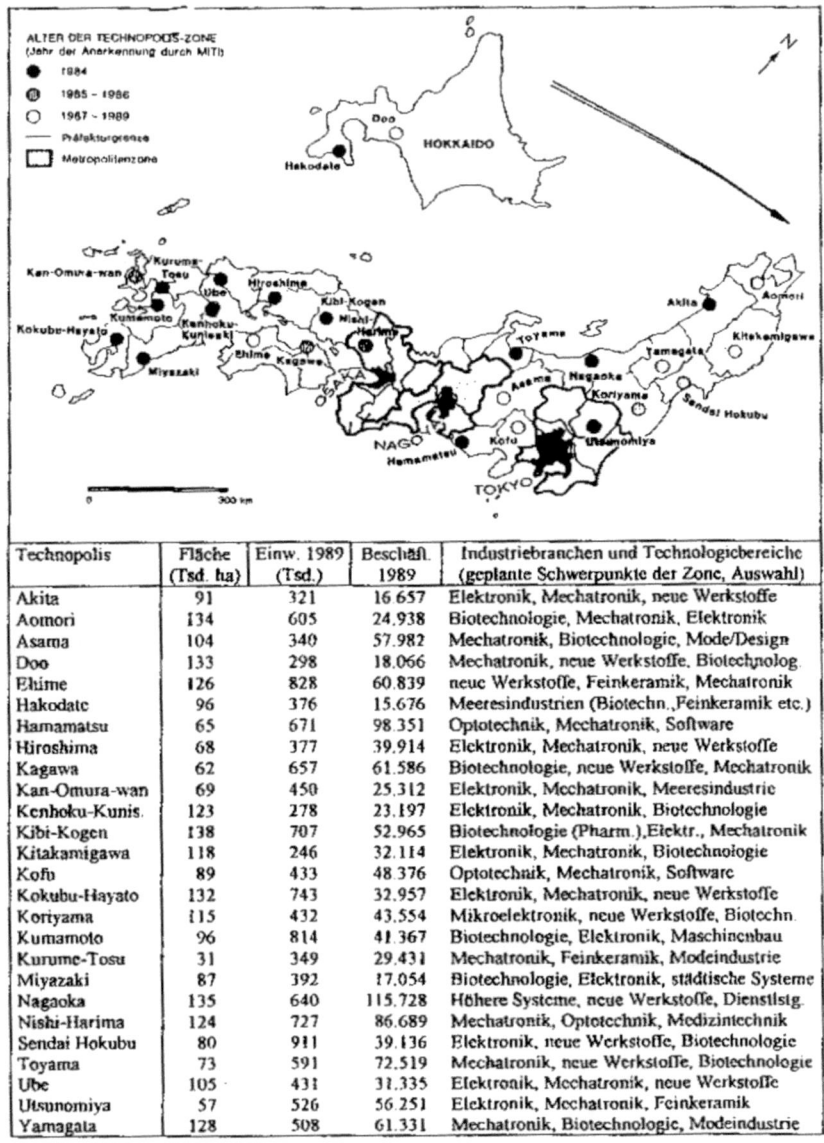

Technopolis	Fläche (Tsd. ha)	Einw. 1989 (Tsd.)	Beschäft. 1989	Industriebranchen und Technologiebereiche (geplante Schwerpunkte der Zone, Auswahl)
Akita	91	321	16.657	Elektronik, Mechatronik, neue Werkstoffe
Aomori	134	605	24.938	Biotechnologie, Mechatronik, Elektronik
Asama	104	340	57.982	Mechatronik, Biotechnologie, Mode/Design
Doo	133	298	18.066	Mechatronik, neue Werkstoffe, Biotechnolog.
Ehime	126	828	60.839	neue Werkstoffe, Feinkeramik, Mechatronik
Hakodate	96	376	15.676	Meeresindustrien (Biotechn.,Feinkeramik etc.)
Hamamatsu	65	671	98.351	Optotechnik, Mechatronik, Software
Hiroshima	68	377	39.914	Elektronik, Mechatronik, neue Werkstoffe
Kagawa	62	657	61.586	Biotechnologie, neue Werkstoffe, Mechatronik
Kan-Omura-wan	69	450	25.312	Elektronik, Mechatronik, Meeresindustrie
Kenhoku-Kunis.	123	278	23.197	Elektronik, Mechatronik, Biotechnologie
Kibi-Kogen	138	707	52.965	Biotechnologie (Pharm.),Elektr., Mechatronik
Kitakamigawa	118	246	32.114	Elektronik, Mechatronik, Biotechnologie
Kofu	89	433	48.376	Optotechnik, Mechatronik, Software
Kokubu-Hayato	132	743	32.957	Elektronik, Mechatronik, neue Werkstoffe
Koriyama	115	432	43.554	Mikroelektronik, neue Werkstoffe, Biotechn.
Kumamoto	96	814	41.367	Biotechnologie, Elektronik, Maschinenbau
Kurume-Tosu	31	349	29.431	Mechatronik, Feinkeramik, Modeindustrie
Miyazaki	87	392	17.054	Biotechnologie, Elektronik, städtische Systeme
Nagaoka	135	640	115.728	Höhere Systeme, neue Werkstoffe, Dienstlstg.
Nishi-Harima	124	727	86.689	Mechatronik, Optotechnik, Medizintechnik
Sendai Hokubu	80	911	39.136	Elektronik, neue Werkstoffe, Biotechnologie
Toyama	73	591	72.519	Mechatronik, neue Werkstoffe, Biotechnologie
Ube	105	431	31.335	Elektronik, Mechatronik, neue Werkstoffe
Utsunomiya	57	526	56.251	Elektronik, Mechatronik, Feinkeramik
Yamagata	128	508	61.331	Mechatronik, Biotechnologie, Modeindustrie

Abbildung 1: Strukturdaten und räumliche Zuordnung der Technopolis-Zonen (Stand 1991)

Quelle: R. Sternberg (1995, S.271)

Besonders um sowohl den Interessen der Wirtschaft nach Profit als auch dem öffentlichen Interesse gerecht zu werden, wurden vom MITI (Ministry of international Trade and Industry) der Plan zur Technopolis weiterentwickelt. Zwar wird es keinerlei direkten Eingriff von seitens der MITI geben, doch regelt sie die Kooperation zwischen der Industrie, den Universitäten und der Lokalregierung. Die Lokalregierungen sind weiterhin selbst verantwortlich ihre eigene wirtschaftliche Entwicklung zu verbessern und werden von der Zentralregierung nur dahingehend unterstützt regionale Konzentration abzubauen. Da die Firmen freiwillig die Technopolis wählen können, ist Konkurrenzkampf zwischen diesen zu erwarten (S.-C. Park 1997, S.112ff.).

2 Hintergründe des Technoplisplanes

Japan ist ein zentralisiertes Land dessen wichtige Industrien und kulturellen Einrichtungen sich auf die drei großen Metropolen Tokio, Osaka und Nagoya konzentrieren. Die japanische Bevölkerung siedelte bis Anfang der siebziger Jahre in die großen Städte um, da diese bessere Berufsmöglichkeiten boten. Ebenso zogen die Firmen diese Standorte vor, da sie sich in ihnen alle wichtigen politischen und wirtschaftlichen Institutionen vereinten, insbesondere in Tokio.

2.1 Technologische Hintergründe

Während der ersten Ölkrise zeigte sich erstmals, die Anfälligkeit der alten Industrie, die alle nur noch ein geringes Wachstum aufweisen konnten. Einzig technologische hochwertige Industrien konnten großes Wachstum vorweisen. Die japanische Regierung investierte riesiges Kapital im Bereich Forschung und Entwicklung. Für eine High-Tech Industrie brauchte es in Japan zwei Formen der Forschung und Entwicklung. Zum einen im Bereich der herstellenden Industrie um Produktionssysteme als auch die Produkte selbst auf ein hohes technisches Niveau zubringen. Zum anderen ist eine wissensorientierte Forschung und Entwicklung, also eine Grundlagenforschung notwendig. Diese Forschung geht von der Zusammenarbeit zwischen den „Science Park", Instituten der Wirtschaft, Joint Forschungsinstituten und den Universitäten aus.

Die Technopolise sollten sowohl der Anwendungsforschung als auch der Grundlagenforschung dienlich sein, jedoch wurde im Gegensatz zu Plänen in den sechziger und siebziger Jahren kreative Technologien, Bildungswesen und neue Informationsnetze betont.

Mit dem 1965 aufgebauten „Tsukuba Science City", der Stadt des Gehirnes, gab es bereits den ersten ähnlichen Versuch, neue Technologien zu entwickeln. Im internationalen

Vergleich von hochrangigen „Science Parks" dieser Art, fehlt es Tsukuba jedoch am kulturellen Umfeld. Unterstützung fand Tsukuba einzig durch die japanische Zentralregierung. Die Aufgabe Tsukuba war die spezifische Forschung von der Regierung gesteuert. So war es privaten Forschungsinstituten und ausländischen Forschungsinstituten nicht möglich Zugang zubekommen. Diese Abschottungspolitik führte zu Skepsis innerhalb der Bevölkerung, die fürchteten das Tsukuba zu einem Modell der amerikanischen Militärforschung sich wandeln würde, welches viel Geld kosten, aber der Gesellschaft wenig Nutzen bringen würde.

Mit der Technopolis wurde ein ausgleichendes Programm geschaffen, da dort die Grundlagenforschung sofort auf die industrielle Produktion angewendet werden kann. Weiterer fundamentaler Unterschied ist, dass „Tsukuba Science City" ein staatliches Forschungsinstitut ist, das von der japanischen Zentralregierung voll unterstützt wird, während die Technopolis ein Programm zur regionalen Entwicklung ist, das nur durch Steuererleichterungen, Beratung, etc. eingeleitet wird. Die Rolle der privaten Industrie in der Forschung und Entwicklung ist im Gegensatz zu Tsukuba in den Technopolises eine viel aktivere, da sie auf eine Zusammenarbeit zwischen allen Forschungsinstituten, egal ob staatlich, privat oder Universität, baut.

Ziel dieser Technologiepolitik Japans ist es, technologieintensivere und damit im Preis höher liegende Produkte herzustellen und damit weniger abhängig von der bisherigen stark Konkurrenzierten Industrien (T. Bagger 1993, S. 31).

2.2 Wirtschaftliche Hintergründe

Als Japan in den siebziger Jahren aufgrund der beiden Ölkrisen in wirtschaftliche Schwierigkeiten geriet, fing das MITI an, sich für das Konzept des „Silicon Valley" zu interessieren. Das Interesse entstand, aus der Erkenntnis der eigenen Unzulänglichkeit, begründet auf der nicht mehr funktionierenden Industriepolitik der siebziger Jahre, sowie aus der immer lauter werdenden Kritik der Bürger, die die große Umweltverschmutzung beklagten und des großen Anteil untergehender Industrien („sun-set"-Industrien).

MITI und japanische Unternehmen waren sich aufgrund der schlechte wirtschaftlichen Lage einig, dass eine neue Industriepolitik angestrebt werden müsse, die besonders auf hochentwickelte Technologien baut. Doch es bestand Skepsis seitens des MITI gegenüber ein Modell nach dem „Silicon Valley", nachdem mehrere Milliarden Dollar in die „Tsukuba Science City" investiert worden waren, Tsukuba jedoch trotzdem kaum industrielle Entwicklung im Land stimulieren konnte. Es wurde nach einer Übertragbarkeit des Modells auf japanische Verhältnisse gesucht, als auch nach Problemen der bisherigen Technologiezentren, Tsukuba und Tokio, die in der starken Konkurrenz sowie in der abgeschotteten Forschungspolitik lagen, die eine Entwicklung der industriellen Kreativität verhinderten. In dieser Folge wurde die Idee aufgegriffen, regionale Städte als Technologiezentren zu entwickeln und damit gleichzeitig die Disparitäten zwischen den großen Städten und den Regionen auszugleichen.

Die schon immer bestehende Bevölkerungskonzentration auf die drei Metropolen Tokio, Osaka und Nagoya nahm mit der Wirtschaftlichen Entwicklung des Landes nach dem Zweiten Weltkrieg neue Dimensionen an. Infolge der Landflucht in dieser Zeit kam es zur Überbevölkerung in den Städten. So wohnen im Raum Tokio, das ca. 4% der Landesfläche ausmacht, ca. ein Viertel der japanischen Gesamtbevölkerung. Infolge der Konzentration stiegen die Bodenpreise der Städte kontinuierlich und wurde durch die Internationalisierung der achtziger Jahre weiter nach oben getrieben. Erste japanische Unternehmen begannen über eine Umsiedlungen aus Tokio nachzudenken und sich in der Nähe von neuen Ansiedlungen zuziehen. Die Chance, diese Unternehmen für die Technopolise zugewinnen, wurde jedoch vertan, als man von 1985 an die Ansiedlung in den Satellitenstädten begann extra zufördern.

2.3 Soziale Hintergründe

Die extreme Konzentration der japanischen Wirtschaft auf die drei großen Metropolen forcierte ein Wachstum der räumlichen Disparitäten als auch wachsende Agglomerationsnachteile in den Metropolen. Zum einen wurde die Bevölkerung aufgrund fehlender hochqualifizierter Arbeitsplätze in den Regionen in die Metropolen gezwungen, auf der anderen Seite wuchs der Wunsch der Bevölkerung nach einer saubereren Umwelt, sowie besseren Lebensverhältnissen. Die Technopolise boten den Regionen die Möglichkeit einer Revitalisierung und damit neue lokale Arbeitsplätze zuschaffen sowie mehr Studienmöglichkeiten innerhalb der Region. Die Hoffnung des MITI war es durch diese Dezentralisierungspolitik die technischen Ungleichheiten zwischen Metropolen und Regionen zu verkleinern und gleichzeitig eine allgemeine Verbesserung der Wirtschaft Japans zu erreichen. Für Region selbst war die Hoffnung die Landflucht zu stoppen und qualifizierte Fachkräfte in die Regionen zurück zulocken (R. Sternberg 1995, S. 256f.).

3   Zielsetzung des Technopolisplanes

Das Konzept der Technopolis wurde in einer Zeit entwickelt, in der Japan in vielen Handelskonflikten auf dem Weltmarkt verwickelt war. Man war auf der Suche nach Wegen zukünftig solche Konflikte zu vermeiden und die eigene Wettbewerbsfähigkeit besonders im Bereich technikintensiver Produkte zu verstärken. Der Technopolisplan sollte helfen, neue kreative Produkte herzustellen und dadurch den schlechten Ruf, des Technologieimitators zu verlieren. Zum anderen erhoffte man sich gleichwertig gegenüber anderen Nationen zuwerden im Bereich der Grundlagenforschung und Industrietechnologie. Zusätzlich sollte der Lebensstandart im Allgemeinen erhöht werden.

Der Technopolisplan sollte es schaffen die Industrie auf ein hohes High-Tech Niveau weiterzuentwickeln, weshalb besonders regionale Industrie stimuliert werden muss. Im Bereich Forschung und Entwicklung sollte das bisherige Problem des Technologietransfers beseitigt werden, durch die Einbindung aller Mitspieler und damit auch einen leichteren Transfer in Klein- und Mittelunternehmen zuschaffen. Insgesamt sollte eine Hochtechnologie geschaffen werden, die auch der Umwelt zugute kommt, indem sie besseres Gleichgewicht schafft und damit die Lebensbedingungen steigert.

Regional bedeutet dies ebenfalls eine extreme Veränderung. Durch die Entwicklung der regionalen Industrienentwicklung, entstehen vollkommen neue Felder für die bereits existierenden Universitäten und Forschungseinrichtungen, und für die regionale Industrie ist es die Chance sich stärker zu etablieren(S.-C. Park 1994, S.42ff.)..

4 Kooperation einzelner Organe

Ein Projekt dieser größer kann nicht allein von der Zentralregierung eingeführt werden und würde auch nicht funktionieren, da das Technopoliskonzept auf den Austausch der verschiedenen Forschungseinrichtungen baut. Von dem her ist eine Zusammenarbeit der einzelnen Mitspieler besonders wichtig.

Für die Universitäten bedeutet dies, dass sie ihre Forschung und Ausbildung besonders in die Bereiche lenkt, in die sich die ansässige Technopolis spezialisiert hat. Damit bildet sie zukünftiges Personal aus und erzielt gleichzeitig Entwicklungen für eine praktische Anwendung in der Industrie. „Die Rolle der Universität ist, dass sie zur Entwicklung der technologischen Kapazität im Gebiet der Technopolis beiträgt" (*S.-C. Park* 1994, S. 46).

Um Arbeitnehmer anzulocken ist es wichtig entsprechen attraktive Städte und Kultur anzubieten um Ansprüchen an die Lebensbedingungen gerecht zuwerden. Hier muss die Mutterstadt versuchen entsprechendes zu leisten und damit Forscher und Ingeneure für die Firmen anzulocken.

Die Aufwendungen der japanischen Zentralregierung sind eher gering. Der Staat sieht seine Rolle als Katalysator und Moderator und entwickelt mit der Wirtschaft Denkanstöße und gibt Orientierungshilfen sowie einige Steuererleichterungen für die sich ansiedelnden Firmen.

Die Technopolise sind nicht nur japanischen Unternehmen vorbehalten, sondern auch ausländische Firmen dürfen in die Technopolise investieren. Falls dies der Fall sein sollte, hofft man natürlich auch auf die zusätzliche Einfuhr von „Know-How". Zusätzlich soll dadurch die Importquote erhöht und damit einer der Hauptstreitpunkte in den Handelskonflikten auf dem Weltmarkt bereinigt werden (S.-C. Park 1997, S.80ff.)..

5 Funktion einzelner Faktoren

Wie bereits vorher bereits erwähnt, beschränkt sich die Rolle der japanischen Zentralregierung auf die des Katalysators und Moderators und soll deshalb im folgendem nicht weiter behandelt werde.

5.1 Infrastruktur

Die Entwicklung von Technopoliszonen bedeutet nicht den Aufbau völlig neuer Industriegebiete, sondern die Errichtung von Technologieparks in die bereits bestehende Infrastruktur mit eingebunden werden soll. Die Abbildung 2 zeigt den prinzipiellen Aufbau einer Technopolis am Beispiel Toyama an der Westküste Japans.

Als Basis jeder Technopolis dient eine Stadt mit mindestens 200.000 Einwohner, die am besten von weiteren Kleinstädten umgeben wird. Eine gute Infrastruktur ist nötig, um alle Elemente der Technopolise zu verbinden.

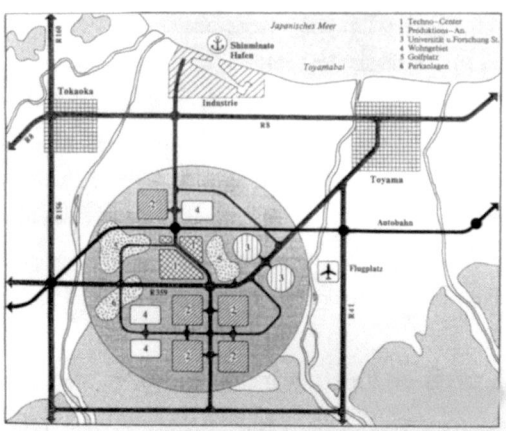

Abbildung 2: Modell der Toyama-Technopolis

Quelle: P. Schöller (1985, S. 94)

Der Flughafen ist eine der wichtigsten Vorraussetzungen für den Aufbau einer Technopolis, da er eine schnelle Internationalisierung fördert und einen schnellen Kontakt in die Metropolen ermöglicht. Durch den schnellen Transport ist ein häufiger Austausch durch Face-to-face Kontakten in den Metropolen möglich und ist dadurch der Konflikt Vermeidung zuträglich. Zum anderen dient das Flugzeug als Frachttransporter vieler Hochtechnischer Produkte.

Ähnliches gilt für den modernen Bahnanschluss an den „Shinkansen". Dieser ermöglicht aufgrund seiner hohen Geschwindigkeit ebenfalls Eintagesreisen in die Metropolen und damit einen schnellen Austausch.

Eine geringere Rolle lässt sich dem Autoverkehr zuschreiben, da er meist verhältnismäßig langsam ist und auch zum Transport der Produktion nicht unbedingt genutzt werden soll. Einzig von lokaler Bedeutung sollte er deshalb sein.

Häfen spielen ebenfalls keine Rolle und können dies auch nicht in allen Technopolise, da nicht alle Technopolise am Meer gelegen sind. Wo dies doch der Fall ist , dient der Hafen weniger dem Warenaustausch als dem Austausch von Information, Technologie und Kultur (S.-C. Park 1997, S.190ff.).

5.2 Forschungseinrichtungen

Die japanischen Universitäten spielen in den Technopolises eine große Rolle im Bereich der Forschung und Entwicklung. Es wurden zusätzliche Technische Universitäten in der Nähe der Technopolise errichtet. Schwerpunkt der Forschung liegt in der Entwicklung mit einer großen nähe zum fertigem Produkt. Die Universitäten bilden oft das technische Zentrum einer Technopolis in deren Mitte auch die Aktivität privater Institutionen mit einfließt. Austausch von Stundenten mit den Firmen helfen die Beziehungen stetig zu verbessern.

Auf ganz Japan gesehen haben die privaten Unternehmen den größten Anteil an der Forschung und Entwicklung. Zwei Drittel aller Ausgaben (1980) in diesem Bereich entstammen privatem Kapital. Aus diesem Grund profitieren nicht nur die Unternehmen von der Zusammenarbeit mit Universitäten, sondern auch diese, da sie einen technologischen Transfer erhoffen.

Neben der bereits beschriebenen „Tsukuba Science City", in welcher hauptsächlich Grundlagenforschung betrieben wird, gibt es noch einige kleinere Einrichtungen, die oftmals direkt auf die Entwicklung einzelner Regionen abzielt.

Um die Zusammenarbeit zwischen Unternehmen und Forschungseinrichtungen zu verbessern, wurde teilweise in den Technopolises extra Institutionen gegründet, die die Zusammenarbeit fördern sollen (S.-C. Park 1997, S.193ff.)..

6 Probleme der Technopolises

Ein immer wieder auftauchendes Problem in der japanischen Forschung und Entwicklung ist die geringe Grundlagenforschung. Bedingt ist dies durch den geringen Anteil des staatlichen Haushaltes der in die Forschung investiert wird. Zum anderen ist die gesamte Forschung und Entwicklung Japans sehr auf das fertige Produkt fixiert und somit eher auf Produktivität und Wachstum ausgelegt. Dies kann sich besondern auf langer Sicht rächen, da Grundlagenforschung für neue Technologien benötigt werden (M. Low 1999, S.53ff).

Ein weiteres Problem ist die Finanzierung der Technopolise. Da diese fast vollständig den allgemein finanzschwachen Lokalregierungen zufällt und das Engagement der japanischen Zentralregierung eher gering ist, wird eine Vollendung der Infrastrukturmaßnahmen bereits 5 – 10 Jahre später als geplant erwartet. Der Versuch des MITI durch steuerliche Anreize mehr Unternehmen und damit Kapital anzulocken, schlug fehl, da sich der internationale Währungskreislauf inzwischen kräftig verändert hat. Durch die massive Aufwertung des japanischen Yen gegenüber dem US-Dollar und den europäischen Währungen, ist es für viele Unternehmen viel interessanter geworden im Ausland zu investieren und dorthin

Produktionsschritte auszulagern (M. Stamer 1998, S.106ff.). Andersherum ist es Japan auch nicht gelungen ausländische Unternehmen in die Technopolises zu locken.

Der Versuch der Dezentralisierung durch die Technopolises scheint bisher auch wenig Aussicht auf Erfolg. Zum einem ist dies ein gesellschaftliches Problem in der die Bildung die Stellung innerhalb der Gesellschaft wiederspiegelt. Das Arbeiten in regionalen Instituten ist dementsprechend weniger bevorzugt. Das sich besonders die metropolnahen Technopolises so schnell entwickelt haben unterstreicht das scheitern der Dezentralisierung. Es scheint vielmehr so, dass sich die bisherigen Metropolen in ihrer Ausdehnung vergrößern. Als weiteres Problem der Dezentralisierung zeigt sich die mangelnde Attraktivität der Technopolises, da es ihr oftmals an ausreichend Erholungsmöglichkeiten fehlt und nur ein geringes Kulturangebot aufweisen kann (R. Sternberg 1995, S. 268ff.).

Negativ macht sich auch die mangelnde Spezialisierung der Technopolises bemerkbar (Vergleiche Abbildung 1). So bieten die meisten Technopolises gleiche High-Tech Schwerpunkte und verhindern dadurch die Bildung lokaler Ballungen einzelner Industriezweige, was jedoch für die Firmen interessant wäre.

Die Hoffnung die hochtechnologischen Industrien würden weniger Umweltschäden verursachen, als die bisherige Schwerindustrie, erwies sich als Trugschluss. Insbesondere durch die Einführung neuer und damit noch nicht geregelter Produktionsverfahren in dieser neuen Industrie der Hochtechnologie entstanden neue Umweltprobleme.

7 Literaturliste

Bagger, T., 1993: „Strategische Technologien", internationale Wirtschaftskonkurrenz und staatliche Intervention. Baden-Baden.

Flath, D., 2000: The Japanese Economy. Raleigh

Flüchter, W., 1990: Japan: Die Landesentwicklung im Spannungsfeld zwischen Zentralisierung und Dezentralisierung. In: Geographische Rundschau, H. 4, 1990

Low, M., 1999: Science, Technology and society in contemporary Japan. Cambridge, UK.

Park, Sang-Chul, 1994: Technopolises in Japan. Hamburg

Park, Sang-Chul, 1997: The Technopolis plan in japanese industrial policy. Göteborg

Schöller, P., 1985: Technopolis: Ein Zukunftskonzept japanischer Stadt- und Wirtschaftsplanung. In: Geographische Rundschau, H. 3, 1985, S. 94 ff.

Stamer, M., 1998: Strukturwandel und wirtschaftliche Entwicklung in Deutschland, den USA und Japan. Aachen.

Sternberg, R., 1995: Technologiepolitik und High-Tech Regionen – ein internationaler Vergleich. S.256 ff.